JN225506

Building Construction Field Note

Building Construction Field Note

Building Construction Field Note〈AQ〉

2019年11月20日 [第1版第1刷発行]

編集──井上書院ⓒ

発行者──石川泰章

発行所──株式会社井上書院
東京都文京区湯島2-17-15 斎藤ビル
TEL:03-5689-5481 FAX:03-5689-5483
https://www.inoueshoin.co.jp

印刷所──株式会社ディグ

製本所──誠製本株式会社

装幀──川畑博昭

ISBN978-4-7530-0567-3 C3450
Printed in Japan